Jean-Noël Carpentier

# Soyons écolos !

© 2015, Jean-Noël Carpentier
Editeur BoD – Books on Demand
12/14 rond-point des Champs Elysées – 75008 Paris
Impression : BoD – Books on Demand, Allemagne

ISBN : 9782322114757

Dépôt légal : octobre 2016

## Avant-propos

Comme beaucoup de ma génération j'ai longtemps imaginé que notre planète était « indestructible ». Comme beaucoup j'ai longtemps sous-estimé les impacts sur la nature de notre activité sur terre.

Est-ce par paresse intellectuelle ? Est-ce par manque d'informations ? Probablement les deux. Mais ce qui est certain c'est que notre système de pensée collectif a été formaté par les impératifs productivistes de notre système économique. Il n'a pas favorisé la prise de conscience individuelle et collective. Bien au contraire. Les lobbies sont à l'œuvre. Et malheureusement les militants écologistes étaient peu nombreux et avaient bien du mal à se faire entendre, y compris à gauche.

Pourtant depuis plusieurs décennies nous savons que l'activité humaine a un impact sur la nature. Elle occasionne le réchauffement climatique, l'érosion de la diversité biologique, la diminution de la qualité des sols, la déforestation, la désertification… Tout cela se retourne contre l'espèce humaine et a des conséquences concrètes sur notre qualité de vie : air de moins bonne qualité, réduction de l'eau potable, crise alimentaire, montée des eaux, réfugiés climatiques… En abimant la planète on hypothèque la vie humaine sur Terre.

Nous avons mis trop longtemps à en tirer les conséquences. La réalité nous rattrape. Dorénavant il faut éviter la catastrophe.

Aussi réjouissons-nous que toutes les grandes autorités dans le monde affirment l'enjeu premier de la lutte contre le réchauffement climatique. L'ONU, le FMI, l'UE, OCDE, les USA, la Chine… Unanimement toutes ces organisations déclarent vouloir agir pour le respect de la planète. Les autorités religieuses également se mobilisent. Le Pape François lui-même publie une lettre encyclique sur *« la sauvegarde de la maison commune »*.

Mais tout cet unanimisme envers les questions environnementales ne doit pas être que de belles intentions. Il faut du concret. Il faut passer de la parole aux actes. Avec la COP 21 nous en sommes enfin aux travaux pratiques. Un plan d'action mondial est en marche. Nous pouvons nous féliciter que la France ait été un moteur essentiel à sa réussite. Espérons maintenant que la prise de conscience planétaire soit salvatrice.

Aujourd'hui j'écris ces quelques lignes non pas comme un « pollueur » repenti, ni pour me saisir d'un sujet à la mode, mais pour témoigner modestement et sincèrement de ma vision de l'écologie.

Comme vous certainement, ma conviction « écologiste » a évolué. Dorénavant elle est assez forte pour modifier certains de mes comportements dans ma vie familiale et quotidienne. Je ne m'en porte pas plus mal ! Mais elle impacte aussi ma manière d'appréhender certaines questions auxquelles je suis confronté comme responsable politique, comme maire et comme député.

J'aimerais pouvoir en témoigner ici dans ce texte volontairement court.

## Une exigence citoyenne

La COP 21 a été un événement international considérable. Avant la réunion des 195 pays le scepticisme dominait largement sur la possibilité de conclure un accord. Pour les médias c'était même « chronique d'un échec annoncé ». Et pourtant ! C'est chose faîte, un accord est intervenu, même si la vigilance doit rester de mise quant à ses applications concrètes.

La réussite de la COP21 tient aussi beaucoup de la mobilisation citoyenne. Des millions d'hommes et de femmes, des organisations diverses à travers le monde n'ont pas « lâché l'affaire », en dépit des difficultés, des lenteurs, des pressions des lobbies…

Tous « ces militants de la planète » se sont rassemblés dans un combat commun : se faire respecter en respectant la planète. Beau combat. Ils ont inlassablement alerté sur les risques du réchauffement climatique pour la civilisation humaine. Tout cela a fait grandir l'exigence planétaire d'une action ferme en faveur de l'environnement. Au point que nul n'a pu se soustraire à la force de cette exigence.

C'est une très bonne nouvelle qui nous montre que les pires scénarii, prétendument réputés inéluctables, peuvent être contrariés par la mobilisation citoyenne et l'intelligence humaine.

## L'écologie politique : une nécessité

Les préoccupations environnementales sont anciennes. Elles se sont amplifiées avec la révolution industrielle, la production de masse et l'urbanisation. Mais longtemps l'écologie restera un objet d'étude confidentiel malgré l'implication de grandes figures intellectuelles. Elle sera même souvent considérée comme une discipline subalterne, peu prise au sérieux, souvent moquée.

C'est depuis le dernier quart du 20éme siècle qu'elle va faire irruption dans le débat public. C'est la naissance de ce que l'on appelle depuis « l'écologie politique ».

En France, lors de l'élection présidentielle de 1974, un candidat s'en réclamant, René Dumont, obtient 1,32% des suffrages. Trois ans plus tard, en 1977, lors des élections municipales, des listes écologistes font leur apparition et obtiennent des scores significatifs, supérieurs parfois à 10%. Ce fut le cas, notamment, à Paris.

Depuis l'écologie compte sur l'échiquier politique français. C'est vrai aussi dans de nombreux pays où des forces politiques se réclamant de l'écologie parviennent à réaliser de bons résultats électoraux. Visiblement les opinions publiques veulent que leurs gouvernants prennent mieux en compte la question de la protection de la nature. Il s'agit d'une bonne nouvelle.

Je ne veux pas ici faire l'histoire des partis se revendiquant de l'écologie mais simplement indiquer qu'ils ont eu au moins un mérite : celui de rendre incontournables dans le débat politique les questions environnementales.

Dans tous les scrutins politiques les candidats consacrent désormais des propositions touchant à l'environnement, quand elles ne constituent pas, parfois, l'épine dorsale de leur programme. Mais il ne faut pas être naïf. Je n'ignore pas la capacité de certains à savoir se saisir de l'air du temps et à réduire ces questions à des enjeux tristement politiciens. Malheureusement l'opportunisme et la démagogie n'épargnent pas l'écologie. Raison de plus pour hausser encore le niveau des exigences citoyennes à la hauteur des inquiétudes et des enjeux du 21ème siècle. Sur ces questions, comme sur beaucoup d'autres, l'intervention des citoyens est indispensable.

## Nous devenons chaque jour un peu plus écologistes, tant mieux !

Etre « écolos » ce n'est pas forcément adhérer à un parti politique, c'est surtout croire que le monde peut être plus agréable, plus juste, plus humain. C'est en ce sens que je me sens écologiste. Et pour la précision du propos je précise que je ne suis pas membre d'EELV (Europe écologie - Les verts).

En revanche je suis très fréquemment d'accord avec les préoccupations exprimées par ce que l'on peut appeler la sensibilité écologiste, telle qu'elle est exposée en particulier par Nicolas Hulot. Son dernier ouvrage « OSONS » est de ce point de vue un plaidoyer très utile pour l'action environnementale.

Pour ma part, je le confesse volontiers, je n'ai pas toujours été ainsi. Comme beaucoup d'autres élus et responsables politiques, j'ai longtemps considéré que l'emploi, l'économie, le pouvoir d'achat, la justice sociale étaient premiers et conditionnaient le règlement de tout le reste. Cette manière d'appréhender le monde doit évoluer. L'écologie doit être au cœur de chacune des grandes politiques publiques y compris dans les politiques visant à l'organisation de l'économie.

L'évolution de ma réflexion sur ces questions est assez courante. Nous voyons bien les dégâts que provoque l'activité humaine sur notre planète. Depuis quelques années, peu à peu, nous prenons conscience qu'il faut prendre des décisions politiques pour éviter la catastrophe. Partout à travers le monde nous aspirons à vivre plus en harmonie avec la nature.

D'ailleurs la réussite de la COP 21 est symptomatique. Elle est l'aboutissement d'un long processus qui a abouti à une prise de conscience planétaire sur les questions écologiques. Espérons que cela augure l'entrée dans une nouvelle ère. Une ère plus humaine où l'on pense la vie en société différemment.

## Gare aux lobbies

Mais il ne faut pas baisser la garde. L'opinion publique doit rester mobilisée car les lobbies sont à l'œuvre. Ils sont organisés par les grandes firmes des industries polluantes (pétrole, gaz, charbon, pesticides…) qui veulent sauvegarder leurs bénéfices immédiats. Ils veulent éviter les législations contraignantes. Tout est bon pour remettre en cause les études des scientifiques sur lesquelles pourraient s'appuyer les Etats pour faire des lois ou des normes.

Selon la formule bien connue « calomniez, calomniez, il en restera toujours quelque chose » ils tentent d'instiller le doute sur les études qui affirment les risques des industries polluantes sur la planète et la santé. Ils n'hésitent pas à payer très cher des « contre études » réalisées par une poignée de scientifiques complices et peu regardant sur les objectifs de leurs commanditaires.

Avec ces « contre études » ils s'immiscent dans le débat public. Ils lancent des controverses, font du chantage à l'emploi, organisent des colloques et tentent même de persuader des élus, des parlementaires, des ministres.

Pour eux l'objectif est de ralentir la mise en place de normes qui pourraient réduire leurs « business » et leurs bénéfices. Chaque jour, chaque semaine, chaque mois, chaque année qui passe sans contraintes ce sont des milliards de profits sauvegardés.

Toutes les industries puissantes organisent leurs lobbies de la même manière pour « défendre » leurs intérêts. L'industrie du tabac dans le passé a fait la même chose en affirmant que les preuves scientifiques n'étaient pas flagrantes quant à la nocivité du tabac... Cela a eu pour effet de ralentir gravement la mise en place d'une politique de santé plus efficace à l'égard de la consommation du tabac.

Les grandes firmes du pétrole, du gaz, du pétrole… font exactement la même chose. Leurs lobbies combattent toutes les thèses écologistes. Ils dénigrent systématiquement les travaux scientifiques comme par exemple ceux du GIEC[1]. Ils veulent faire grandir le « climato-scepticisme » dans l'opinion.

Leurs pressions sont parfois reprises à des fins politiciennes par certains responsables politiques. Aux Etats-Unis c'est Donald Trump qui dit vouloir faire annuler les décisions de la COP21 parce qu'elles vont *« tuer l'emploi et le commerce ».* En France c'est Nicolas Sarkozy qui n'hésite pas à discréditer des dizaines d'années de recherches scientifiques en déclarant sur un ton ironique : « *Cela fait 4 milliards d'années que le climat change. Le Sahara est devenu un désert, ce n'est pas à cause de l'industrie. Il faut être arrogant comme l'Homme pour penser que c'est nous qui avons changé le climat…* ».

Ce type de déclarations s'appuie sur les arguments des lobbies des industries polluantes. Par ailleurs ces arguments climato-sceptiques sont totalement compatibles avec la posture « populiste » choisie par messieurs Trump, Sarkozy et

---

[1] Groupe intergouvernemental d'experts sur l'évolution du climat (GIEC) créé par l'ONU en 1988. Réunit des scientifiques désignés par leur gouvernement. Il a pour mission « d'évaluer sans parti pris et de façon méthodique, claire et objective, les informations d'ordre scientifique, technique et socio-économique qui nous sont nécessaires pour mieux comprendre les risques liés au changements climatique d'origine humaine (…) et envisager d'éventuelles stratégies d'adaptation et d'atténuation ».

d'autres. Dans un monde inquiet du terrorisme, d'une économie fragile, d'un chômage fort, il est facile de dire qu'il y a des choses « plus importantes et plus urgentes à faire ».

Il faut donc rester vigilant. Pour les défenseurs de l'écologie le combat de l'opinion doit se poursuivre. Après le succès de la COP21 les lobbies des industries polluantes vont tenter d'empêcher ou de ralentir ses réalisations concrètes.

## Le « profit à tout prix » est anti-environnemental

L'un des fléaux pour la planète, pour l'environnement et pour les droits sociaux, c'est la recherche du profit à tout prix.

Pour les puissances d'argent, la main invisible du marché peut tout réguler. La nature, l'eau, la terre, l'air... ils voudraient tout « financiariser », tout « marchandiser ».

Pour ma part je pense que la vision progressiste de l'évolution du monde peut mieux répondre aux enjeux environnementaux. « L'ultra-libéralisme », le « capitalisme sauvage » sont fondamentalement prédateurs des êtres humains et de la nature. La quête forcenée de certains vers « le profit à tout prix » est mortifère.

De ce point de vue la fraude de Volkswagen aux normes écologiques est symptomatique. Plusieurs millions de voitures diesel à travers le monde ont été équipées de dispositifs frauduleux visant à camoufler les émissions réelles de polluants. C'est bien-sûr illégal mais c'est surtout très dangereux pour la santé publique. Le pire c'est que nous apprenons que d'autres grandes marques sont soupçonnées de faire la même chose, y compris en France. J'espère que les enquêtes judiciaires iront au bout. Ce scandale est révélateur d'une logique implacable : celle de l'argent ! A vouloir toujours gagner plus on en oublie l'essentiel.

Dégrader l'environnement, nuire à la santé des consommateurs, à celle de leurs salariés ne fait pas frémir certains, pourvu que leurs bénéfices soient sauvegardés. Ils tentent par tous les moyens d'éviter que des règles soient instaurées car cela risquerait de « rogner leurs marges ».

Cette logique cupide est malheureusement trop fréquente dans notre monde. Les questions environnementales, comme les questions sociales (nous le verrons plus bas) passent trop souvent au second plan.

L'économie doit être mieux régulée. Non pas pour empêcher le progrès mais bien pour protéger l'homme et son environnement. Sans un minimum de règles de bon sens, l'économie de marché devient une jungle. La planète ne doit pas être sacrifiée sur l'autel des profits. Il faut impérativement réconcilier l'économie avec l'écologie et punir fermement celles et ceux qui dérogent aux règles.

## Réconcilier l'économie et l'écologie

Les peuples posent un regard nouveau sur les questions environnementales. Il faut maintenant aller plus loin. Il faut convaincre que l'économie peut rimer avec écologie.

Malheureusement en période de crise c'est difficile. Le mouvement des « bonnets rouges » contre les mesures fiscales relatives à la pollution des véhicules de transport de marchandises qui a déstabilisé le gouvernement en 2013 nous le rappelle douloureusement. Ceux qui ne veulent pas de contrainte opposent systématiquement le développement économique et les réglementations écologiques.

Heureusement cela tend à évoluer. La transition énergétique, le green-business… tout cela est positif. Les entreprises commencent à comprendre qu'il est plus efficace - et à terme surement plus bénéfique - de soutenir la lutte contre le réchauffement climatique. Le monde économique s'engage enfin, même si les frictions demeurent fortes. Nous ne sommes pas au pays des « Bisounours ». Et si je pense que des entreprises sont capables d'engagements sincères pour le respect de la planète, je reste néanmoins persuadé qu'il faut s'assurer de règles à respecter.

C'est à l'Etat, aux syndicats, aux salariés, aux citoyens, à l'ensemble des acteurs économiques de trouver les arbitrages indispensables pour protéger l'intérêt général. Le marché doit être régulé, c'est valable pour préserver les droits sociaux et environnementaux.

## La question sociale et aussi environnementale

C'est pour cette raison qu'il faut mener de front le combat écologique et le combat social. C'est ma conviction d'homme de gauche. La question sociale et la question environnementale sont une même équation. La clé c'est la solidarité et la lutte contre les inégalités. Voilà un bon moyen pour rassembler les énergies positives. Au niveau international il faut envisager un mode de développement planétaire radicalement nouveau.

Comme exemple de cette mutation, pourquoi ne pas mettre en place un nouvel indicateur qui prenne en compte les réalités sociales et environnementales. Un indicateur qui prenne en compte le vécu quotidien des populations plutôt que d'avoir le seul PIB comme indicateur universel du développement. Cela serait une vraie avancée humaniste qui remettrait en cause la vision productiviste.

Il faut une plus grande solidarité internationale pour endiguer le réchauffement climatique. Le « fonds mondial vert pour le climat[2] » doit être très largement abondé. Aujourd'hui il est trop faible ! L'objectif fixé en 2009 était de récolter 100 milliards de dollars par an, en 2015 nous arrivons péniblement à 60 milliards. Plus globalement il faut un plan international d'investissement pour la transition énergétique (innovation et recherche vertes, infrastructures vertes, développement des énergies propres…)

En plus de la contribution des Etats, il faut une taxe mondiale sur les transactions financières. Cette idée peut devenir crédible si elle vise à lutter contre le changement climatique.

De même, il faut de véritables mesures internationales contre le dumping social. C'est un fléau social qui dégrade les conditions de travail et qui tire les salaires vers le bas. C'est aussi un fléau écologique qui empêche la production/consommation en circuit court et donc aug-

---

[2] Instauré par l'ONU ce dispositif vise à ce que les pays riches aident financièrement les pays pauvres à mettre en place des actions pour réduire les émissions de gaz à effet de serre et mettre en place des mesures d'adaptation aux conséquences du réchauffement climatique

mente considérablement l'empreinte carbone de la mondialisation.

En appréhendant conjointement les questions sociales et les questions environnementales on peut imaginer un autre type de croissance.

Cela passe aussi par une distribution des richesses beaucoup plus équitable qu'elle ne se fait actuellement. D'après de nombreuses ONG les inégalités de richesse ne cessent d'augmenter à travers le monde. Oxfam[3] dans un récent rapport indique que le patrimoine cumulé des 1% les plus riches du monde a dépassé celui des 99% restants. C'est un scandale planétaire qui a de graves répercussions sur la situation sociale et environnementale. Pour vivre dignement il faut des ressources suffisantes pour se nourrir, se loger, s'éduquer... Mais il faut aussi une planète en « bonne santé » pour nous accueillir. Les inégalités ne permettent pas un développement humain harmonieux.

Comme d'autres j'aspire à ce que les questions environnementales et sociales soient regroupées sous le concept de « droits humains inaliénables » et qu'ils soient défendus par les législations nationales et internationales.

---

[3] Oxfam : ONG internationale

## Fier de la loi sur la transition énergétique

La loi dite « transition énergétique pour la croissance verte » portée par Ségolène Royal tente aussi de faire cette synthèse entre l'économie et l'écologie. Cette loi fait de la France un des pays les plus avancés dans la lutte contre le réchauffement climatique. Elle instaure des dispositions intéressantes en matière de transport, de bâtiment durable, de développement des énergies renouvelables, d'économie d'énergie. Elle favorise « l'innovation verte » qui peut potentiellement créer des dizaines de milliers d'emplois nouveaux. Un an après son adoption par l'Assemblée nationale plusieurs dispositions ne sont pas encore entièrement mises en place mais les choses avancent dans le bon sens. Comme député de la majorité je suis très fier de cette loi qui aura assurément des conséquences positives sur nos vies.

A cet égard je regrette que la droite parlementaire s'y soit opposée systématiquement. Aussi à ceux qui disent que l'écologie n'a pas de parti je les invite à regarder attentivement ce qu'il se passe à l'Assemblée nationale.

Malheureusement sur chaque proposition novatrice de la majorité actuelle ou du gouvernement en matière d'écologie les députés de l'opposition de droite se sont montrés frileux voire carrément hostiles à toute avancée. Beaucoup d'entre eux soutiennent les pires thèses des climato-sceptiques. En vérité il y a très peu d'écologistes dans le parti « Les Républicains ». Leurs dirigeants succombent trop souvent aux sirènes de « l'économisme » !

La gauche quant à elle, heureusement, s'émancipe peu à peu de sa vision productiviste. Elle le doit surement aux « verts » qui se sont rangés de son côté depuis longtemps. A quelques mois des élections législatives et présidentielles, alors que la gauche est très divisée, je pense que le combat pour l'écologie peut être fédérateur pour ma famille politique.

## Respecter la planète : c'est aussi une responsabilité individuelle

Préserver la planète nécessite de grandes décisions politiques au niveau international, national et local. Les pouvoirs publics doivent investir massivement pour faciliter le quotidien tout en épargnant la planète. Je pense notamment aux politiques de l'industrie, des transports, de l'habitat, de l'alimentation…

Mais le défi de la préservation de la planète ne peut se relever sans l'implication individuelle de chacun d'entre nous. Il faut modifier certaines de nos habitudes quotidiennes.

Cet aspect n'est pas le plus simple. Nous sommes pétris de contradictions. Il faut bien le dire nous avons parfois un comportement « schizophrène » entre nos envies de faire des efforts pour la planète et les réalités quotidiennes.

Il en est ainsi concernant l'utilisation de la voiture. Certains trajets ne peuvent-ils pas se faire à pieds, en vélo, en bus, en train ? Et la manière dont nous sommes consommateur. N'avons-nous pas tendance à succomber trop facilement à la surconsommation ? Faisons-nous suffisamment le tri de nos déchets ? Economisons-nous suffisamment l'eau, la lumière électrique et le chauffage ?

Ces questions simples nous devrions nous les poser régulièrement en famille. Nous devons être convaincus que notre comportement individuel a un impact sur la planète. Nous pouvons tous être davantage « éco-citoyen. »

## Réduire la consommation d'énergie

Interrogeons-nous notamment sur notre consommation d'énergie.

En effet, aujourd'hui l'approvisionnement énergétique mondial est assuré à plus de 80% par les énergies fossiles (pétrole, charbon, gaz). C'est trop, beaucoup trop ! N'oublions pas que ce sont elles qui émettent le plus de gaz à effet de serre. Le nucléaire non plus n'est pas idéal compte tenu des déchets radioactifs et de la sécurité des centrales.

Il faut de grandes politiques publiques pour diversifier plus rapidement notre approvisionnement en énergie. Il faut développer les énergies « propres » (l'hydraulique, l'éolien, le solaire…) qui ne représentent qu'une part minime dans la production mondiale d'électricité.

Néanmoins produire plus d'énergie « propre » va prendre du temps. Sa production ne pourra pas répondre aux besoins si nous continuons de consommer autant d'énergie à l'échelle de la planète. Il faut réduire notre consommation d'énergie. C'est l'une des clés pour lutter contre le réchauffement climatique. Rappelons-nous qu'en France en 2014, 37% de la consommation énergétique se fait dans l'industrie, le tertiaire l'agriculture ; 33% dans les transports et 30% dans l'habitat.

Dans les transports collectifs ou individuels, dans les habitations, dans l'industrie… dans tous les secteurs il faut investir pour trouver les techniques afin de réduire notre consommation.

## Des logements moins énergivores

On a vu plus haut qu'il était impératif de développer les énergies propres mais qu'il était tout aussi important de réduire notre consommation d'énergie collective et individuelle.

La question de la consommation de l'énergie dans nos logements est une question importante. Elle touche directement notre quotidien.

L'habitat représente plus du tiers de la consommation énergétique française. Il est responsable de près de 20% des émissions de gaz à effet de serre. La maîtrise de la consommation d'énergie dans les logements est donc un enjeu majeur de la transition énergétique. Allumer ses lampes, mettre le chauffage ou la climatisation, utiliser ses appareils ménagers… Tous ces gestes simples ont des répercussions.

L'État a mis en place plusieurs dispositions pour réduire l'impact du secteur résidentiel sur le climat. Des mesures entrent peu à peu dans notre quotidien.

Il y a du mieux depuis une quinzaine d'années et les performances énergétiques des bâtiments neufs s'améliorent. Il faut poursuivre le renforcement de la réglementation. Chaque bâtiment neuf, chaque maison, chaque gymnase, chaque école, chaque usine construite doivent être irréprochables. Et même si certains objectent que le coût à la construction est plus élevé, nous savons, qu'à termes, qu'une construction aux meilleures normes environnementales coûte moins cher à l'usager du fait qu'elle est moins « énergivore ».

Les normes sur les constructions neuves sont assez simples à mettre en œuvre d'autant que les évolutions techniques des matériaux de construction permettent de faire d'énormes progrès.

Dorénavant le gros enjeu est le bâti ancien. Il faut mettre « le paquet » sur la rénovation des logements construits avant les années 2000. Moins les logements sont isolés plus on chauffe l'hiver, plus on climatise l'été et au final plus on émet des gaz à effet de serre.

Déjà un plan d'investissement de l'Etat prévoit la rénovation de plus de 500.000 logements. Il passe notamment par l'aide à l'obtention de prêts à taux zéro, à un crédit d'impôt ou encore à quelques aides financières directes.

C'est positif mais les sommes consacrées ne sont pas suffisantes. De plus ces différentes mesures sont peu lisibles et difficiles à mettre en œuvre. Il faut un plan d'investissement beaucoup plus important et plus lisible.

Il faut permettre à chaque propriétaire de son logement (pavillon ou appartement), à chaque bailleur privé ou public d'engager des travaux de rénovation énergétique efficaces. La question de l'aide financière est fondamentale si nous voulons un véritable effet de levier permettant au final que la consommation énergétique de la France baisse.

Il en est de même pour les collectivités locales. De nombreux maires voudraient rénover leurs anciennes écoles, leurs mairies, leurs gymnases devenus de véritables « gruyères à énergie ». Malheureusement il manque souvent le coup de pouce suffisant en trésorerie. Il serait souhaitable que les Régions et l'Etat groupent leurs efforts pour les épauler beaucoup plus fortement qu'ils ne le font actuellement.

## Moins utiliser la voiture

L'usage de la voiture est aussi une habitude quotidienne pour beaucoup d'entre nous. Nous savons pourtant que son utilisation intensive pollue fortement l'atmosphère et a des incidences graves sur la santé. Face à ce phénomène nous aimerions pouvoir transformer toutes nos voitures individuelles à pétrole en voitures « non-polluantes » ou électriques. C'est impossible. A l'évidence il faut moins de voitures ! Pourtant la société moderne nous demande d'être de plus en plus mobiles. Alors c'est vrai, face à cette exigence de mobilité, il n'est pas toujours aisé de laisser sa voiture quand prendre le train est plus complexe, moins sécurisant, moins confortable, et ce, même si l'offre de transports collectifs s'améliore.

Il faut poursuivre les efforts. La France a trop longtemps favorisé l'industrie automobile. La conséquence est que notre réseau ferré n'est pas suffisant notamment en région parisienne et dans les grandes agglomérations. Il faut développer les infrastructures ferroviaires, les moderniser. Il faut rendre le train plus sûr, plus ponctuel, plus fréquent…

En banlieue il faut pouvoir rejoindre facilement les gares avec un réseau dit « secondaire » encore plus efficace. Il faut développer les bus et les tramways leur permettre de mieux circuler en ville.

Et puis il faut aussi faciliter l'usage du vélo (cf. plus bas) pour les courtes distances, par exemple pour rejoindre les gares, pour aller au travail si son bureau est proche de son domicile ou encore pour aller chercher son pain…

Au final, rien qu'avec cet exemple des transports, on mesure l'ampleur des efforts à fournir pour rendre notre société « durable ».

Je suis convaincu que les peuples sont prêts à faire évoluer leur comportement quotidien. Les Etats et leurs dirigeants doivent se débarrasser de certaines vieilles habitudes et de certains lobbies pour réussir concrètement la transition énergétique planétaire.

## Pour le vélo

Prenons l'exemple du vélo. La France est en retard à comparer à ses voisins européens. Je l'ai rapidement évoqué plus haut concernant les transports. Le vélo en vérité c'est plus qu'un simple moyen de transport ; c'est aussi un formidable levier pour moderniser nos villes.

Consacrer au vélo une place plus importante dans l'espace public permet de rendre la ville plus agréable. Moins de pollution, moins de bruit, bienfaits pour la santé, plus de sécurité routière et certainement aussi plus de proximité et de convivialité entre les habitants...

Les expériences menées depuis plusieurs années par de plus en plus de communes ou grandes agglomérations montrent que cela correspond à une aspiration grandissante de nos concitoyens. A coup sûr c'est l'avenir. Prenons exemple sur les grandes réussites à Strasbourg, Bordeaux, Nantes, Toulouse, Grenoble, La Rochelle... Il faut élargir ces expériences à l'ensemble des grandes agglomérations françaises.

Alors bien-sûr je ne préconise pas de mettre tout le monde et tout le temps sur un vélo mais je suis certain que de plus en plus d'habitants sont sensibles à ce mode de déplacement. Se rendre à la gare le matin pour prendre le train pour aller au travail, aller chercher son pain, son journal, faire les petites courses d'appoint au supermarché ou à l'épicerie du quartier, aller à la mairie, à la banque, à la salle de sports... tous ces petits trajets du quotidien devraient pouvoir se faire aisément à bicyclette.

La législation doit évoluer pour permettre la création des infrastructures nécessaires. Il faut que les voiries soient beaucoup plus partagées entre la voiture et le vélo et des dispositifs de sécurité installés là où c'est indispensable. Il faut prévoir des zones 30 plus nombreuses en ville. Il faut beaucoup plus de parkings à vélo notamment devant tous les lieux publics, devant les commerces, les gares... Ces parkings doivent être simples d'utilisation et disposés de systèmes antivol efficaces, car malheureusement le vol est un fléau qui ralentit l'utilisation du vélo.

Toutes ces dispositions sont relativement simples à mettre en œuvre. Il faut simplement être persuadé qu'elles sont utiles à une vie meilleure en ville. Bien-sûr il y aura toujours des sceptiques qui trouveront tout un tas d'objections sincères ou pas, pour dire que c'est inutile, impossible, dangereux... Sachons les persuader par l'exemple. Tentons l'expérience.

C'est ce que je tente de faire dans ma commune de Montigny-lès-Cormeilles. Nous avons engagé un « plan vélo » pour favoriser son utilisation. Nous offrons par exemple une aide financière à l'acquisition des vélos, nous implantons des stationnements à vélos.

De même dans l'agglomération Val-Parisis (regroupement de 15 communes dans le Val d'Oise, près de 300.000 habitants) j'ai l'honneur d'avoir la charge de mettre en place un schéma intercommunal de déplacement en vélo. L'un des principaux objectifs est de rendre facilement accessibles à vélo toutes les gares et tous les centres villes de l'agglomération. Ce plan pluriannuel de près de 15 millions d'euros vise notamment à aménager plus de 60 kilomètres de voiries intercommunales, d'épauler les communes à aménager les voiries communales, d'installer des stationnements.

Cette expérience de terrain me renforce dans l'idée que notre législation nationale doit mieux prendre en compte l'usage du vélo. Je me félicite que la récente loi sur la Transition énergétique comporte plusieurs dispositions sur l'usage du vélo.

La loi réaffirme que « *le développement de l'usage du vélo (...) constitue une priorité ».* Elle incite *« les collectivités territoriales à poursuivre la mise en œuvre de leurs plans de développement du vélo. »* et fixe *« un objectif de déploiement massif, avant 2030, de voies de circulation et de places de stationnement réservées aux vélos ».*

La loi impose également de nouvelles règles en matière d'urbanisme favorisant la pratique du vélo. Dorénavant chaque construction d'immeuble d'habitation, de bureaux ou à vocation commerciale devra prévoir des places de stationnement pour vélos. La loi met aussi en place une indemnité kilométrique pour les trajets domicile/lieu de travail effectués à vélo.

Toutes ces dispositions sont positives. Il faut maintenant qu'elles s'appliquent concrètement. La balle est dans le camp des collectivités territoriales.

## Réconcilier la ville et la nature

J'ai évoqué la question des transports. De la même manière je considère que dans notre monde de plus en plus « urbain » notre conception de la ville doit évoluer. Nous devons revoir notre manière de faire de l'urbanisme. Il est urgent de réconcilier la ville avec la nature.

Nous sommes de plus en plus nombreux sur la planète. Au début du 19éme siècle nous étions 1,2 milliard d'humains, aujourd'hui nous sommes près de 8 milliards. Et dans le même mouvement nous nous concentrons dans des villes de plus en plus denses.

Dans notre pays entre 1900 et 2015 la population a plus que doublé en passant de 30 millions d'habitants à 65 millions aujourd'hui. Les grandes agglomérations de Paris, Lyon, Marseille, Lille représentent plus du quart de la population française. Dans ces territoires la densité moyenne avoisine 6000 hbt/km2 avec des pics à plus de 15000 hbt/km2.

Bien-sûr, comparé à certaines grandes mégapoles à travers le monde on peut estimer que nos villes françaises ne sont pas si invivables que cela et que nous avons su conserver une certaine qualité de vie ! Mais tout de même des améliorations, voire des transformations sont indispensables.

La densité humaine n'est acceptable qu'à la condition de rendre les villes agréables à vivre.

Des erreurs dans la conception des villes ont été faites. Il ne s'agit pas ici de jeter la pierre aux décideurs, dirigeants politiques, architectes et urbanistes des 40 dernières années. Mais constatons tout de même que la ville a été malheureusement trop souvent conçue comme un « parking à humains ».

## Des espaces verts dans la ville

La promiscuité en ville n'est pas toujours facile à vivre. Tolérer son voisin n'est pas toujours chose aisée. Les immeubles d'habitation sont hauts, on aimerait avoir des appartements plus grands, les parcelles des pavillons se réduisent... Bref notre espace privé à tendance à être contraint et les espaces publics à être rognés. Il faut des espaces de respiration pour rendre la ville plus conviviale !

Nos villes sont trop « minérales ». Le bitume, le béton, la pierre... tout cela est trop présent en ville. La ville minérale est imperméable. Elle accumule et réfléchit la chaleur. Il faut végétaliser les rues, les trottoirs, les places publiques, les murs... pour réduire les effets d'îlot de chaleur.

Trop longtemps nous avons pensé les parcs et les jardins à côté de la ville, en dehors des centres ville. Imaginons la nature dans la ville, la ville dans la nature. Il faut que les villes, y compris de petites tailles soient parsemées d'espaces verts. Les habitants doivent pouvoir très facilement, en quelques pas, au maximum en quelques minutes, accéder à des parcs, des jardins, des bois... Ils doivent être agréables et sécurisés. Leur entretien doit être réalisé sans pesticide (zéro produit phytosanitaire).

C'est une véritable révolution urbaine qu'il faut mener. Pour construire ces espaces, il faut mieux organiser les voiries, réduire la place de la voiture, favoriser les piétons, les cyclistes, penser plus efficacement aux transports collectifs...

La bataille du développement durable se joue au niveau national et international bien-sûr mais elle se joue aussi au niveau local. Les collectivités territoriales doivent prendre des mesures au plus proches des citoyens pour accompagner et encourager les bonnes volontés.

## S'alimenter plus sainement

Notre alimentation a également des conséquences sur la nature. Modifier notre manière de produire et de consommer la nourriture est indispensable. Certes notre système alimentaire occidental permet de nourrir largement les populations occidentales mais ce secteur doit faire sa « révolution écologique ».

Son mode de production, de distribution, et de consommation a des impacts écologiques extrêmement néfastes. Le mode de production de l'industrie agroalimentaire est très gourmands en énergie et en eau. L'acheminement des productions avec la mondialisation des échanges se fait sur de longues distances. La production agricole intensive avec l'utilisation massive de pesticides est génératrice de pollution et de troubles sur la santé publique. L'industrie agroalimentaire utilise trop de produits adjuvants, de conservateurs, de sel, de sucre, de colorants. Cela déclenche des maladies cardio-vasculaires, des cancers, de l'obésité... Et puis il faut bien le dire la manière dont le marché mondial alimentaire est organisé est très défavorable aux pays du sud. Les grandes multinationales de l'agroalimentaire, essentiellement occidentales, imposent des prix d'achat bien trop faibles et très injustes aux pays du sud.

Ce système basé uniquement sur une logique productiviste et mercantile ne peut plus répondre aux enjeux sociaux et écologiques. Il faut modifier notre système alimentaire.

Ainsi par exemple, privilégions les circuits-courts. Ici en France favorisons les productions locales. Les fruits et les légumes auront moins de transports à effectuer. Ils pourront être cueillis plus tard. Avec cette simple réforme ce sont tous les acteurs du système qui devraient réagir et modifier leurs comportements : le producteur, le transformateur, le distributeur et le consommateur.

Le transformateur, c'est à dire l'industrie agroalimentaire a de grosses responsabilités. C'est elle qui détient une partie de la solution. Malheureusement la course aux profits prend souvent le dessus sur l'intérêt général. Le bio, le circuit-court, la quantité raisonnable… Tout cela n'est pas bon pour son business. Souvent elle s'y oppose ! De même la grande distribution devrait engager une modification de ses pratiques. Le comportement de ces deux acteurs majeurs a des répercussions sur le travail des agriculteurs et sur le pouvoir d'achat des consommateurs. Les intérêts des agriculteurs et des consommateurs sont souvent communs. Les pouvoirs publics au niveau national et international doivent mettre en place des législations pour favoriser une production alimentaire plus saine et plus respectueuse de la nature. Je propose que par la loi on limite drastiquement la toute puissance du secteur agroalimentaire. C'est une tâche selon moi urgente pour l'Europe et la politique agricole commune. Et dans le même temps je pense que l'aide au développement des « filières courtes » est indispensable.

Néanmoins la loi ne peut pas tout ! Nous les consommateurs nous avons aussi nos propres responsabilités. En étant plus vigilants à notre mode de consommation individuelle nous pouvons faire évoluer les mentalités et ainsi contribuer à faire évoluer le système.

Evitons d'acheter des produits hors-saison. Préférons les productions locales. Favorisons le BIO. On en trouve de plus en plus facilement à prix raisonnable. Evitons d'acheter en trop grande quantité. Rappelons nous qu'en moyenne 25% de notre nourriture passe à la poubelle. Préférons l'eau du robinet plutôt que l'eau en bouteille plastique. Comme le préconise l'OMS (Organisation Mondiale de la Santé) mangeons moins de viande. C'est bon pour la santé et pour la planète.

*

On le voit à travers ces exemples concrets de la conception de la ville, du transport, de l'alimentation, du logement ou encore de l'utilisation du vélo nous pouvons déployer des politiques publiques favorables à l'environnement et au mieux-être.

L'écologie, c'est cela. C'est imaginer l'amélioration de notre vie quotidienne tout en préservant la planète. Il n'y a pas de « petits sujets ». La pensée écologique est une source fertile pour l'innovation économique, le progrès technique et le développement des droits humains.

## En guise de conclusion

Ce texte est délibérément bref et modeste. Je ne suis pas un spécialiste du réchauffement climatique, pas plus que de la production d'énergie. Je ne suis pas d'avantage un « repenti » de l'écologie.

J'ai simplement voulu dire ici comment j'ai personnellement cheminé vers une nouvelle approche de problèmes que j'ai, comme tant de nos concitoyens, longtemps insuffisamment estimés, par conformisme idéologique sans doute, par ignorance aussi malheureusement.

J'ai la conviction que dorénavant nous sommes en chemin vers la transition écologique. Des obstacles demeurent. Les plus importants sont les lobbies et les pouvoirs de l'argent qui freinent ou qui tentent de s'accaparer ces changements.

C'est notre mobilisation qui fera notre monde. Pour ma part comme citoyen, comme député et comme élu local je souhaite porter haut cette ambition.

# TABLE

AVANT-PROPOS .......................................................... 7

UNE EXIGENCE CITOYENNE ................................ 9

L'ECOLOGIE POLITIQUE : UNE NECESSITE .... 10

NOUS DEVENONS CHAQUE JOUR UN PEU PLUS ECOLOGISTES, TANT MIEUX ! ............................ 12

GARE AUX LOBBIES ............................................. 13

LE « PROFIT A TOUT PRIX » EST ANTI-ENVIRONNEMENTAL ............................................ 16

RECONCILIER L'ECONOMIE ET L'ECOLOGIE 18

LA QUESTION SOCIALE ET AUSSI ENVIRONNEMENTALE ........................................... 19

FIER DE LA LOI SUR LA TRANSITION ENERGETIQUE ........................................................ 22

RESPECTER LA PLANETE : C'EST AUSSI UNE RESPONSABILITE INDIVIDUELLE ...................... 23

REDUIRE LA CONSOMMATION D'ENERGIE ... 24

DES LOGEMENTS MOINS ENERGIVORES ........ 25

MOINS UTILISER LA VOITURE ............................ 28

POUR LE VELO ............................................................ 30

RECONCILIER LA VILLE ET LA NATURE ......... 33

DES ESPACES VERTS DANS LA VILLE ............. 34

S'ALIMENTER PLUS SAINEMENT ...................... 36

EN GUISE DE CONCLUSION ................................ 39

www.ingramcontent.com/pod-product-compliance
Lightning Source LLC
Chambersburg PA
CBHW050248230526
45470CB00005B/2166